基本資料

姓名：________________

生日：________________

出生紀錄

週數：__________ 週　　體重：__________ 公克

身長：__________ 公分　　頭圍：__________ 公分

爸爸：______ 公分

媽媽：______ 公分

遺傳身高：______ 公分

臺灣女孩生長曲線圖

參考自臺灣兒科醫學會網站

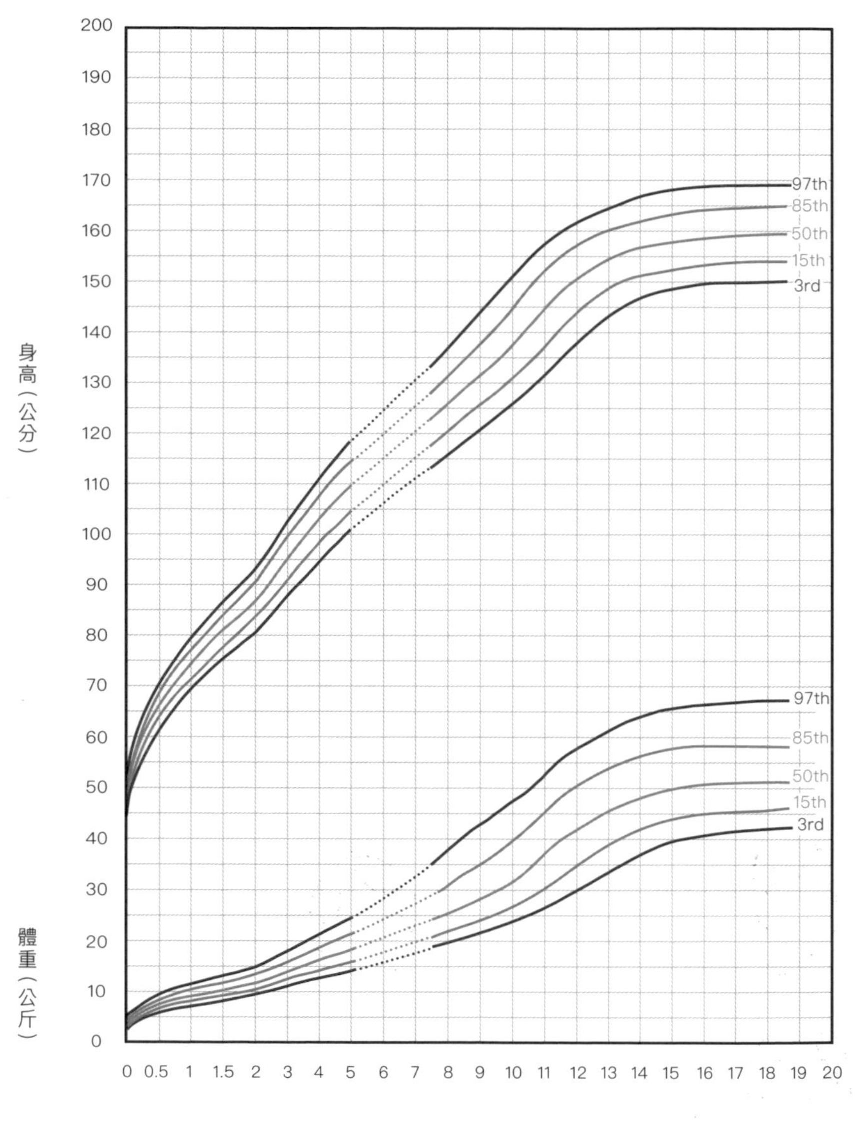

臺灣女孩BMI對照表

參考自臺灣兒科醫學會網站

年齡	過輕	正常	過重	肥胖
歲	BMI <	BMI介於	BMI≥	BMI≥
0	11.5	11.5–14.7	14.7	15.5
0.5	14.6	14.6–18.6	18.6	19.6
1	14.2	14.2–17.9	17.9	19.0
1.5	13.7	13.7–17.2	17.2	18.2
2	13.7	13.7–17.2	17.2	18.1
2.5	13.6	13.6–17.0	17.0	17.9
3	13.5	13.5–16.9	16.9	17.8
3.5	13.3	13.3–16.8	16.8	17.8
4	13.2	13.2–16.8	16.8	17.9
4.5	13.1	13.1–16.9	16.9	18.0
5	13.1	13.1–17.0	17.0	18.1
5.5	13.1	13.1–17.0	17.0	18.3
6	13.1	13.1–17.2	17.2	18.8
6.5	13.2	13.2–17.5	17.5	19.2
7	13.4	13.4–17.7	17.7	19.6
7.5	13.7	13.7–18.0	18.0	20.3
8	13.8	13.8–18.4	18.4	20.7
8.5	13.9	13.9–18.8	18.8	21.0

臺灣女孩BMI對照表

參考自臺灣兒科醫學會網站

年齡	過輕	正常	過重	肥胖
歲	BMI <	BMI介於	BMI≥	BMI≥
9	14.0	14.0–19.1	19.1	21.3
9.5	14.1	14.1–19.3	19.3	21.6
10	14.3	14.3–19.7	19.7	22.0
10.5	14.4	14.4–20.1	20.1	22.3
11	14.7	14.7–20.5	20.5	22.7
11.5	14.9	14.9–20.9	20.9	23.1
12	15.2	15.2–21.3	21.3	23.5
12.5	15.4	15.4–21.6	21.6	23.9
13	15.7	15.7–21.9	21.9	24.3
13.5	16.0	16.0–22.2	22.2	24.6
14	16.3	16.3–22.5	22.5	24.9
14.5	16.5	16.5–22.7	22.7	25.1
15	16.7	16.7–22.7	22.7	25.2
15.5	16.9	16.9–22.7	22.7	25.3
16	17.1	17.1–22.7	22.7	25.3
16.5	17.2	17.2–22.7	22.7	25.3
17	17.3	17.3–22.7	22.7	25.3
17.5	17.3	17.3–22.7	22.7	25.3

女孩青春期發育

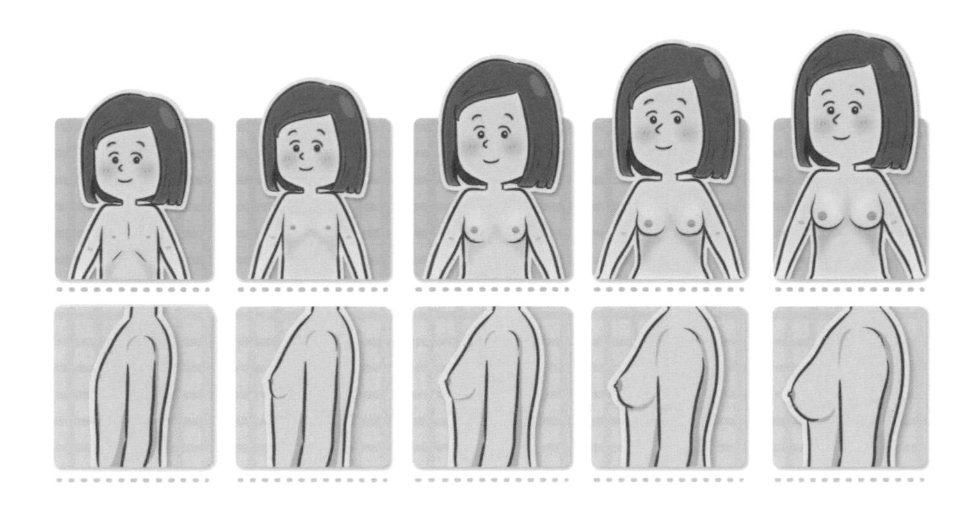

第一期　第二期　第三期　第四期　第五期

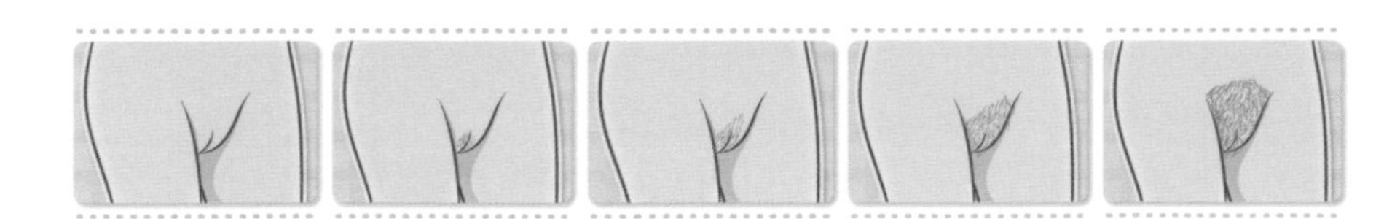

生長紀錄

建議每三個月測量一次身高體重唷！

日期	年齡	身高		體重		BMI		備註
Y/M/D	Y M	公分	百分位	公斤	百分位	KG/M^2	百分位	

日期	年齡	身高		體重		BMI		備註
Y/M/D	Y M	公分	百分位	公斤	百分位	KG/M^2	百分位	

日期	年齡	身高		體重		BMI		備註
Y/M/D	Y M	公分	百分位	公斤	百分位	KG/M^2	百分位	

日期	年齡	身高		體重		BMI		備註
Y/M/D	Y M	公分	百分位	公斤	百分位	KG/M^2	百分位	

日期	年齡	身高		體重		BMI		備註
Y/M/D	Y M	公分	百分位	公斤	百分位	KG/M^2	百分位	

生理期紀錄

每一次的生理期小朋友都要自己記錄喔！

初經：_____ 年 _____ 月 _____ 日　_____ 歲 _____ 月

_________ 年

_________ / _________ ～ _________ / _________

_________ / _________ ～ _________ / _________

_________ / _________ ～ _________ / _________

_________ / _________ ～ _________ / _________

_________ / _________ ～ _________ / _________

_________ / _________ ～ _________ / _________

注意衛生棉禮儀喔！

學習正確使用方式
勤換衛生棉！

生理期紀錄

＿＿＿＿年

＿＿＿＿／＿＿＿＿ ～ ＿＿＿＿／＿＿＿＿

＿＿＿＿／＿＿＿＿ ～ ＿＿＿＿／＿＿＿＿

＿＿＿＿／＿＿＿＿ ～ ＿＿＿＿／＿＿＿＿

＿＿＿＿／＿＿＿＿ ～ ＿＿＿＿／＿＿＿＿

＿＿＿＿／＿＿＿＿ ～ ＿＿＿＿／＿＿＿＿

＿＿＿＿／＿＿＿＿ ～ ＿＿＿＿／＿＿＿＿

＿＿＿＿／＿＿＿＿ ～ ＿＿＿＿／＿＿＿＿

＿＿＿＿／＿＿＿＿ ～ ＿＿＿＿／＿＿＿＿

＿＿＿＿／＿＿＿＿ ～ ＿＿＿＿／＿＿＿＿

＿＿＿＿／＿＿＿＿ ～ ＿＿＿＿／＿＿＿＿

＿＿＿＿／＿＿＿＿ ～ ＿＿＿＿／＿＿＿＿

＿＿＿＿／＿＿＿＿ ～ ＿＿＿＿／＿＿＿＿

生理期紀錄

＿＿＿＿ 年

＿＿＿＿ / ＿＿＿＿ ～ ＿＿＿＿ / ＿＿＿＿

＿＿＿＿ / ＿＿＿＿ ～ ＿＿＿＿ / ＿＿＿＿

＿＿＿＿ / ＿＿＿＿ ～ ＿＿＿＿ / ＿＿＿＿

＿＿＿＿ / ＿＿＿＿ ～ ＿＿＿＿ / ＿＿＿＿

＿＿＿＿ / ＿＿＿＿ ～ ＿＿＿＿ / ＿＿＿＿

＿＿＿＿ / ＿＿＿＿ ～ ＿＿＿＿ / ＿＿＿＿

＿＿＿＿ / ＿＿＿＿ ～ ＿＿＿＿ / ＿＿＿＿

＿＿＿＿ / ＿＿＿＿ ～ ＿＿＿＿ / ＿＿＿＿

＿＿＿＿ / ＿＿＿＿ ～ ＿＿＿＿ / ＿＿＿＿

＿＿＿＿ / ＿＿＿＿ ～ ＿＿＿＿ / ＿＿＿＿

＿＿＿＿ / ＿＿＿＿ ～ ＿＿＿＿ / ＿＿＿＿

＿＿＿＿ / ＿＿＿＿ ～ ＿＿＿＿ / ＿＿＿＿

生理期紀錄

________年

________/________ ～ ________/________

________/________ ～ ________/________

________/________ ～ ________/________

________/________ ～ ________/________

________/________ ～ ________/________

________/________ ～ ________/________

________/________ ～ ________/________

________/________ ～ ________/________

________/________ ～ ________/________

________/________ ～ ________/________

________/________ ～ ________/________

________/________ ～ ________/________

生理期紀錄

______年

______/______ ～ ______/______

______/______ ～ ______/______

______/______ ～ ______/______

______/______ ～ ______/______

______/______ ～ ______/______

______/______ ～ ______/______

______/______ ～ ______/______

______/______ ～ ______/______

______/______ ～ ______/______

______/______ ～ ______/______

______/______ ～ ______/______

______/______ ～ ______/______

備忘錄